BEI GRIN MACHT SICH IHR WISSEN BEZAHLT

- Wir veröffentlichen Ihre Hausarbeit,
  Bachelor- und Masterarbeit

- Ihr eigenes eBook und Buch -
  weltweit in allen wichtigen Shops

- Verdienen Sie an jedem Verkauf

Jetzt bei www.GRIN.com hochladen
und kostenlos publizieren

Florian Buchholz

Geometrische Deutungen spezieller Summendarstellungen der Null

GRIN Verlag

Bibliografische Information der Deutschen Nationalbibliothek:

Die Deutsche Bibliothek verzeichnet diese Publikation in der Deutschen National-bibliografie; detaillierte bibliografische Daten sind im Internet über http://dnb.d-nb.de/ abrufbar.

Impressum:

Copyright © 2013 GRIN Verlag GmbH
Druck und Bindung: Books on Demand GmbH, Norderstedt Germany
ISBN: 978-3-656-39778-6

Dieses Buch bei GRIN:

http://www.grin.com/de/e-book/211889/geometrische-deutungen-spezieller-sum-mendarstellungen-der-null

GRIN - Your knowledge has value

Der GRIN Verlag publiziert seit 1998 wissenschaftliche Arbeiten von Studenten, Hochschullehrern und anderen Akademikern als eBook und gedrucktes Buch. Die Verlagswebsite www.grin.com ist die ideale Plattform zur Veröffentlichung von Hausarbeiten, Abschlussarbeiten, wissenschaftlichen Aufsätzen, Dissertationen und Fachbüchern.

Besuchen Sie uns im Internet:

http://www.grin.com/

http://www.facebook.com/grincom

http://www.twitter.com/grin_com

Geometrische Deutungen spezieller
Summendarstellungen der Null

Florian Buchholz

9. Februar 2013

Bachelorarbeit
Technische Universität Braunschweig

Inhaltsverzeichnis

1 Einleitung

Diese Bachelorarbeit beschäftigt sich mit folgender Fragestellung:

„Wir suchen Rundwege (Startpunkt = Zielpunkt), die sich aus Streckenzügen der Teillängen 1, 2, 3, 4, ... n in der normalen Zählreihenfolge zusammensetzen. Nach jeder Teilstrecke darf die Laufrichtung verändert werden."

Der wohl einfachste Rundweg ist nicht einmal wirklich rund, denn für $n = 3$ gibt es die einfache Darstellung von $1 + 2$ in die eine Richtung und 3 wieder zurück. Dieses Beispiel ist zwar nicht zweidimensional, ist aber trotzdem per Definition ein Rundweg. Gibt es im eindimensionalen Raum davon noch mehr? Und ist es normal, dass man dabei erst in die eine Richtung geht und dann in die andere? Kann man das Ganze nicht auch mischen und wenn nicht für $n = 3$, dann vielleicht für ein größeres n?

Ein anderes Beispiel für einen solchen Laufweg ist für $n = 7$ in Abbildung 1.1 dargestellt.

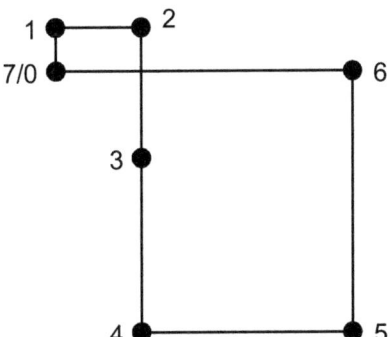

Abbildung 1.1: Einleitende Rundwegdarstellung

Schaut man sich dieses Beispiel an, so fällt einem vielleicht auf, dass die Aussage „Nach jeder Teilstrecke darf die Laufrichtung verändert werden" fleißig genutzt, jedoch nicht vollständig durchgesetzt wurde, da die Teilstrecken 3 und 4 ohne Laufrichtungsänderung durchgeführt wurden. Die Frage ist, ob dies normal ist oder ob es sich hierbei um einen Sonderfall handelt. Ist es zwingend notwendig, so oft „abzubiegen"? Kann man $n = 7$ vielleicht auch eindimensional oder sogar dreidimensional darstellen?

In dieser Bachelorarbeit werden wir uns zu Beginn mit einem Spezialfall von Rundwegen im eindimensionalen Raum beschäftigen. Hierbei werden wir versuchen, eine Gleichung zu entwickeln, mit der jedes mögliche n für diesen Spezialfall gefunden werden kann und dabei mit verschiedenen Methoden vorgehen, um die vielfältigen Möglichkeiten, die die Bearbeitung dieses Themas bietet, deutlich zu machen. Im darauffolgenden Kapitel werden wir uns dann mit zweidimensionalen Rundwegen beschäftigen, den Aufbau dieser analysieren und anhand von Beispielen zeigen, mit welchen Werten für n sich im zweidimensionalen und sogar im dreidimensionalen Raum ein Rundweg darstellen lässt. Wir werden uns der Frage widmen, ob es analytisch möglich ist, alle Wege eines beliebigen n bestimmen zu können und uns dann wieder einem Spezialfall widmen. Für diesen Spezialfall werden wir untersuchen, ob es für ausgewählte n immer mindestens einen darstellbaren Rundweg gibt. Zuletzt werden wir uns einer kleinen Spielerei zuwenden, nämlich der Frage, ob es auch möglich ist, einen Rundweg so zu konstruieren, dass dieser eine vorher festgelegte Fläche umrandet. Anschließend folgt noch ein Fazit, in dem wir die aufgetretenen Probleme und Lösungen nochmals zusammenfassen und Ausblicke auf weitere mögliche Themengebiete geben.

2 Besondere Figuren im eindimensionalen Raum

2.1 Hin- und Rückweg

Die Beispielfigur $n = 3$ mit $1 + 2$ in x-Richtung und 3 in $-x$-Richtung scheint zwar auf den ersten Blick allgemein, sie ist jedoch ein Sonderfall. Bei dieser Figur findet ein tatsächlicher Hin- und Rückweg statt, was bedeutet, dass es einen Umkehrpunkt gibt, bis zu dem sich ausschließlich in eine Richtung bewegt wird und nach diesem Umkehrpunkt ausschließlich in die entgegengesetzte Richtung.

Ein anderes Beispiel mit $n = 4$ macht diesen Sonderfall deutlicher: Bei $1 + 4$ in x-Richtung und $2 + 3$ in $-x$-Richtung bewegt man sich zwar faktisch jeweils fünf Schritte in x-Richtung und fünf Schritte in $-x$-Richtung, jedoch nicht genau in dieser Reihenfolge. Hierbei wird sich erst in x-Richtung, dann in $-x$-Richtung und dann wieder in x-Richtung bewegt, also anders als im vorherigen Beispiel $n = 3$. Es ist bei $n = 4$ keine Möglichkeit vorhanden, auf die gleiche Art und Weise wie bei $n = 3$ vorzugehen. Allgemein muss hier gelten, dass der Abstand vom Startpunkt zum Umkehrpunkt genau die halbe Summe von n ist. Für $n = 4$ wäre dies $\frac{1+2+3+4}{2} = 5$. Wir suchen also eine Zahl p (Länge der letzten Teilstrecke vor dem Umkehrpunkt) mit $p, n \in \mathbb{N}$, für die gilt:

$$2 \sum_{j=1}^{p} j = \sum_{i=1}^{n} i \tag{2.1}$$

Beide Seiten von der Gleichung (2.1) können wir nun durch den jeweiligen „kleinen Gauß" ersetzen:

$$p(p+1) = \frac{n(n+1)}{2} \tag{2.2}$$

Wir lösen die Klammer auf der linken Seite auf und stellen Gleichung (2.2) so um, dass die pq-Formel möglich ist:

$$p^2 + p - \frac{n(n+1)}{2} = 0 \tag{2.3}$$

Die Anwendung der pq-Formel ergibt dann:

$$p_{1,2} = -\frac{1}{2} \pm \sqrt{\frac{1}{4} + \frac{n(n+1)}{2}} \tag{2.4}$$

$p_2 = -\frac{1}{2} - \sqrt{\frac{1}{4} + \frac{n(n+1)}{2}}$ fällt heraus, da für jedes n gelten würde, dass p_2 negativ wäre. Es muss jedoch gelten $p \in \mathbb{N}$.

5

Abschließend wandeln wir p noch in ein Format um, das sich später als sinnvoll erweisen wird:

$$p = -\frac{1}{2} + \sqrt{\frac{1}{4} + \frac{n(n+1)}{2}}$$

$$= -\frac{1}{2} + \sqrt{\frac{2\left(n(n+1)\right)+1}{4}}$$

$$= -\frac{1}{2} + \sqrt{\frac{2(n^2+n)+1}{4}}$$

$$= -\frac{1}{2} + \sqrt{\frac{2n^2+2n+1}{4}}$$

$$p = \frac{\sqrt{2n^2+2n+1}-1}{2} \tag{2.5}$$

Es ist jetzt notwendig, für jedes n mit $n \in \mathbb{N}$ zu überprüfen, ob das Ergebnis von Gleichung (2.5) für p eine natürliche Zahl ergibt. Hierbei wird schnell deutlich, dass es nur wenige mögliche Ergebnisse gibt. Im Zahlenbereich von $n = 1$ bis $n = 100$ liefert die Formel nur zwei Ergebnisse, $p = 2$ mit $n = 3$ und $p = 14$ mit $n = 20$.

Setzen wir in Gleichung (2.5) den Wert $n = 4$ ein, erhalten wir für p keine natürliche Zahl; Dies wäre jedoch laut Definition dieses Sonderfalls gefordert.

2.2 Herleitung der rekursiven Formel

In diesem Abschnitt wird nun eine Rekursionsformel zu der zuvor angegebenen Ausgangsgleichung (2.1) gesucht. Hierfür wird Gleichung (2.1) in eine diophantische Gleichung der Form $x^2 - dy^2 = -1$, eine sogenannte Pellsche Gleichung, umgeformt. Mit dieser lässt sich dann mithilfe der Kettenbruchentwicklung von $\sqrt{d}$ eine Rekursionsformel bestimmen.

Umformung von $2\sum_{j=1}^{p} j = \sum_{i=1}^{n} i$ in eine Pellsche Gleichung:

$$2\sum_{j=1}^{p} j = \sum_{i=1}^{n} i$$

$$2p(p+1) = n^2 + n$$

$$2(p^2 + p) = n^2 + n$$

Wir führen auf beiden Seiten eine quadratische Ergänzung durch:

$$2\left(p+\frac{1}{2}\right)^2 - \frac{1}{2} = \left(n+\frac{1}{2}\right)^2 - \frac{1}{4}$$

6

Der Teil innerhalb der Klammer $n + \frac{1}{2}$ auf der rechten Seite wird durch n' ersetzt, der Teil in der Klammer auf der linken Seite $p + \frac{1}{2}$ mit p' und das $-\frac{1}{2}$ wird auf die andere Seite gebracht. Es gilt also mit $p' = p + \frac{1}{2}$ und $n' = n + \frac{1}{2}$:

$$2(p')^2 = (n')^2 + \frac{1}{4}$$

$(n')^2$ wird nun auf die linke Seite gebracht und die Gleichung wird mit 4 multipliziert.

$$8(p')^2 - 4(n')^2 = 1$$

Nun wird jeweils eine 4 in die Klammer, also unter das Quadrat, gebracht und die Klammerinhalte werden jeweils durch p'' und n'' ersetzt. Daraufhin wird die Gleichung mit -1 multipliziert. Es gilt nun mit $p'' = 2p'$ und $n'' = 2n'$:

$$
\begin{aligned}
2(2p')^2 - (2n')^2 &= 1 \\
2(p'')^2 - (n'')^2 &= 1 \\
(n'')^2 - 2(p'')^2 &= -1
\end{aligned}
\tag{2.6}
$$

Es gilt nach Umformung der vorher definierten Gleichungen für n', p', n'' und p'':

$$n'' = 2n + 1 \tag{2.7}$$

$$p'' = 2p + 1 \tag{2.8}$$

Umstellen nach n und p:

$$n = \frac{n'' - 1}{2} \tag{2.9}$$

$$p = \frac{p'' - 1}{2} \tag{2.10}$$

Wir benötigen nun die Kettenbruchentwicklung von $\sqrt{d}$, in unserem Falle laut Gleichung (2.6) mit $d = 2$. Damit lassen sich alle Werte für n'' und p'' und somit auch für n und p bestimmen, in denen die oben hergeleitete Pellsche Gleichung (2.6) gilt.

Die ersten Ergebnisse der Kettenbruchentwicklung von $\sqrt{2}$ lauten:

$$\frac{1}{1}; \frac{3}{2}; \frac{7}{5}; \frac{17}{12}; \frac{41}{29} \cdots$$

Wir setzen für n'' jeweils den Zähler, bspw. 3, und für p'' den Nenner, also 2 ein. Es wird klar, dass jedes zweite Ergebnis der Kettenbruchentwicklung in der Gleichung (2.6) als Lösung den Wert -1 hat, also nur diese Ergebnisse für uns relevant sind. Setzen wir diese Werte von n'' und p'' in die Gleichung (2.9) und (2.10) ein, so erhalten wir unsere ersten Werte für n und p.

Um nun eine rekursive Formel herzuleiten, beginnen wir mit der Matrizendarstellung einer Pellschen Gleichung und formen diese anschließend in ein Gleichungssystem um.

Mithilfe der Matrizendarstellung lässt sich allgemein bei einem bekannten Ergebnis der jeweiligen Gleichung jeder weitere Nachfolger einzeln bestimmen.

Allgemeine Form der Pellschen Gleichung in Matrizendarstellung:

$$\begin{pmatrix} x_{i+1} \\ y_{i+1} \end{pmatrix} = \begin{pmatrix} x_1 & dy_1 \\ y_1 & x_1 \end{pmatrix} \begin{pmatrix} x_i \\ y_i \end{pmatrix}$$

Unser erstes Ergebnis wäre in diesem Fall $\begin{pmatrix} x_1 \\ y_1 \end{pmatrix} = \begin{pmatrix} 1 \\ 1 \end{pmatrix}$, demnach folgt daraus:

$$\mathbf{A} = \begin{pmatrix} x_1 & dy_1 \\ y_1 & x_1 \end{pmatrix} = \begin{pmatrix} 1 & 2 \\ 1 & 1 \end{pmatrix}$$

Unsere Rekursionsvorschrift lautet also:

$$\begin{pmatrix} n''_{i+1} \\ p''_{i+1} \end{pmatrix} = \begin{pmatrix} 1 & 2 \\ 1 & 1 \end{pmatrix} \begin{pmatrix} n''_i \\ p''_i \end{pmatrix} \tag{2.11}$$

Gleichung (2.11) aufgelöst als Gleichungssystem ergibt:

$$n''_{i+1} = n''_i + 2p''_i \tag{2.12}$$
$$p''_{i+1} = n''_i + p''_i \tag{2.13}$$

Nach dem Einsetzen von Gleichung (2.7) und Gleichung (2.8) in Gleichung (2.12) und Gleichung (2.13) und dem Auflösen nach n_{i+1} und p_{i+1} ergibt sich:

$$2n_{i+1} + 1 = 2n_i + 1 + 2(2p_i + 1)$$
$$n_{i+1} = n_i + 2p_i + 1$$

$$2p_{i+1} + 1 = 2n_i + 1 + 2p_i + 1$$
$$p_{i+1} = n_i + p_i + \frac{1}{2}$$

Wir wollen jetzt aber nur jeden zweiten Schritt der Abbildungsgleichung 2.11, da für uns nur die Werte der Kettenbruchentwicklung von $\sqrt{2}$ interessant sind, die als Ergebnis in der Pellschen Gleichung -1 ergeben. Wir überspringen also immer eine Zahl, lassen unser i jedoch immer nur um einen Wert steigen, anstatt um zwei. Wir berechnen also $\mathbf{A} \cdot \mathbf{A}$, denn es gilt nun:

$$\begin{pmatrix} n''_{i+1} \\ p''_{i+1} \end{pmatrix} = \mathbf{A}^2 \begin{pmatrix} n''_i \\ p''_i \end{pmatrix}$$

$$\mathbf{A}^2 = \begin{pmatrix} 3 & 4 \\ 2 & 3 \end{pmatrix}$$

Daraus folgt die neue Abbildungsgleichung:

$$\begin{pmatrix} n''_{i+1} \\ p''_{i+1} \end{pmatrix} = \begin{pmatrix} 3 & 4 \\ 2 & 3 \end{pmatrix} \begin{pmatrix} n''_i \\ p''_i \end{pmatrix}$$

Einsetzen von Gleichung (2.7) und Gleichung (2.8):

$$\begin{pmatrix} 2n_{i+1}+1 \\ 2p_{i+1}+1 \end{pmatrix} = \begin{pmatrix} 3 & 4 \\ 2 & 3 \end{pmatrix} \begin{pmatrix} 2n_i+1 \\ 2p_i+1 \end{pmatrix}$$

$$2\begin{pmatrix} n_{i+1} \\ p_{i+1} \end{pmatrix} + \begin{pmatrix} 1 \\ 1 \end{pmatrix} = 2\begin{pmatrix} 3 & 4 \\ 2 & 3 \end{pmatrix} \begin{pmatrix} n_i \\ p_i \end{pmatrix} + \begin{pmatrix} 3 & 4 \\ 2 & 3 \end{pmatrix} \begin{pmatrix} 1 \\ 1 \end{pmatrix}$$

$$= 2\begin{pmatrix} 3 & 4 \\ 2 & 3 \end{pmatrix} \begin{pmatrix} n_i \\ p_i \end{pmatrix} + \begin{pmatrix} 7 \\ 5 \end{pmatrix}$$

$$2\begin{pmatrix} n_{i+1} \\ p_{i+1} \end{pmatrix} = 2\begin{pmatrix} 3 & 4 \\ 2 & 3 \end{pmatrix} \begin{pmatrix} n_i \\ p_i \end{pmatrix} + \begin{pmatrix} 7 \\ 5 \end{pmatrix} - \begin{pmatrix} 1 \\ 1 \end{pmatrix}$$

$$= 2\begin{pmatrix} 3 & 4 \\ 2 & 3 \end{pmatrix} \begin{pmatrix} n_i \\ p_i \end{pmatrix} + \begin{pmatrix} 6 \\ 4 \end{pmatrix}$$

$$\begin{pmatrix} n_{i+1} \\ p_{i+1} \end{pmatrix} = \begin{pmatrix} 3 & 4 \\ 2 & 3 \end{pmatrix} \begin{pmatrix} n_i \\ p_i \end{pmatrix} + \begin{pmatrix} 3 \\ 2 \end{pmatrix}$$

Als Gleichungssystem:

$$n_{i+1} = 3n_i + 4p_i + 3 \tag{2.14}$$

$$p_{i+1} = 2n_i + 3p_i + 2 \tag{2.15}$$

Wir haben nun zwei Gleichungen für die Nachfolger von n_i und p_i, die jeweils von n_i und p_i abhängen. Es ist jedoch auch möglich zu erreichen, dass die Gleichung (2.14) nur von n_i abhängig ist, indem wir p_i durch die Gleichung (2.5) ersetzen. Wir erhalten:

$$n_{i+1} = 3n_i + 2(\sqrt{2n_i^2 + 2n_i + 1} - 1) + 3$$

Also:

$$n_i = 3n_{i-1} + 2\sqrt{2n_{i-1}^2 + 2n_{i-1} + 1} + 1 \tag{2.16}$$

Wir erhalten damit eine Rekursionsformel, die nur vom Vorgänger abhängig ist. Jedoch sieht der Wurzelterm etwas unschön aus. Deshalb versuchen wir nun eine Rekursionsformel zu finden, die von den letzten beiden Vorgängern abhängig ist, vielleicht sieht diese ja besser aus. Aus Gleichung (2.14) und Gleichung (2.15) erhalten wir:

$$n_i = 3n_{i-1} + 4p_{i-1} + 3 \tag{2.17}$$

$$p_i = 2n_{i-1} + 3p_{i-1} + 2 \tag{2.18}$$

Gleichung (2.17) wird nach p_{i-1} aufgelöst:

$$p_{i-1} = \frac{1}{4}n_i - \frac{3}{4}n_{i-1} - \frac{3}{4} \qquad (2.19)$$

und in Gleichung (2.18) eingesetzt:

$$
\begin{aligned}
p_i &= 2n_{i-1} + \frac{3}{4}n_i - \frac{9}{4}n_{i-1} - \frac{9}{4} + 2 \\
p_i &= -\frac{1}{4}n_{i-1} + \frac{3}{4}n_i - \frac{1}{4} \qquad (2.20)
\end{aligned}
$$

Gleichung (2.20) wird nun in Gleichung (2.14) eingesetzt und wir erhalten:

$$
\begin{aligned}
n_{i+1} &= 3n_i - n_{i-1} + 3n_i - 1 + 3 \\
n_{i+1} &= 6n_i - n_{i-1} + 2 \qquad (2.21)
\end{aligned}
$$

Nun haben wir zusätzlich noch eine rekursive Formel, in der der Nachfolger von den beiden letzten Zahlenwerten der Folge abhängig ist. Diese rekursive Formel ist jedoch in ihrer Struktur weitaus simpler. Es ist situationsabhängig, welche Art von Rekursionsformel uns in praktischen Anwendungen besser weiterhelfen kann. Im nächsten Abschnitt werden wir mit beiden Rekursionsformeln arbeiten.

2.3 Entwicklung einer expliziten Formel

Wir wollen nun mithilfe der in Abschnitt 2.2 entwickelten Gleichungen zusätzlich zur rekursiven Formel noch eine explizite Formel für unsere Zahlenreihe entwickeln, also eine Gleichung, in der n nicht von ihrem Vorgänger bzw. ihren Vorgängern abhängig ist, sondern für jedes eingesetzte i ein neuer Wert der Folge entsteht.

Zu Beginn betrachten wir dafür eine grafische Darstellung von $\frac{n_{i+1}}{n_i}$:

10

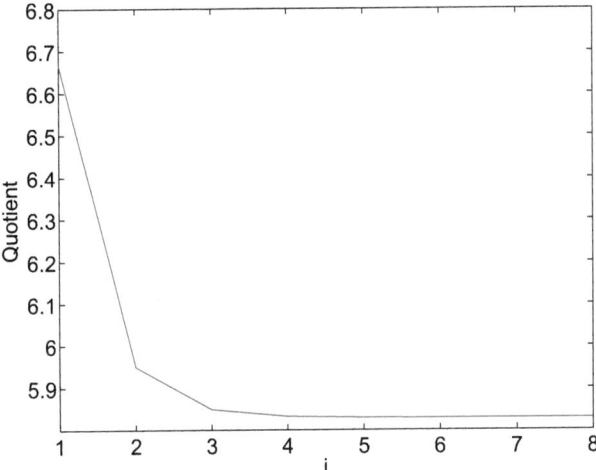

Abbildung 2.1: Ausgabe des Programms: „rekursives_programm.m"

Der Wert scheint ab dem sechsten Wert von $\frac{n_{i+1}}{n_i}$ fast geradlinig zu verlaufen, was darauf hinweist, dass der Quotient einem festen Wert zustrebt, ähnlich wie dies bei der Kettenbruchentwicklung der Fall ist.

Dass der Quotient aus einer Zahl und ihrem Vorgänger bei immer größer werdendem i einen festen Wert anstrebt, ist uns im Fall der Fibonacci-Folge bekannt. Dieser Quotient erreicht bei $i \to \infty$, die goldene Schnittzahl $\frac{1+\sqrt{5}}{2}$, häufig auch als Φ bezeichnet. Entdeckt wurde dies von Johannes Kepler.

Solch ein Φ wollen wir nun auch für unsere rekursive Formel bestimmen. Dazu verwenden wir Gleichung (2.16), ersetzen hier n_i mit n_{i+1} und teilen die neu entstandene Gleichung durch n_i. Wir erhalten also:

$$\frac{n_{i+1}}{n_i} = \frac{3n_i}{n_i} + \frac{2\sqrt{2n_i^2 + 2n_i + 1}}{n_i} + \frac{1}{n_i}$$

Nun lassen wir i gegen unendlich streben und erhalten:

$$\lim_{i \to \infty} \frac{n_{i+1}}{n_i} = 3 + 2 \cdot \sqrt{\frac{2n_i^2}{n_i^2} + \frac{2n_i}{n_i^2} + \frac{1}{n_i^2}} + 0$$
$$= 3 + 2 \cdot \sqrt{2} \qquad (2.22)$$

11

Dabei gilt, dass Brüche, deren Nennergrad größer ist als ihr Zählergrad ($\frac{2n_i}{n_i^2}$ und $\frac{1}{n_i^2}$), gegen Null streben.

Wir haben nun das bei $i \to \infty$ angestrebte Teilungsverhältnis zwei aufeinanderfolgender Zahlen unserer Reihe ermittelt. Dies dient auch dem späteren Vergleich, wenn wir Φ und Ψ bestimmt haben.

Unser Ansatz, wie die explizite Formel aussehen wird, lautet:

$$n_i = a_1 \cdot \Phi^i + a_2 \cdot \Psi^i + a_3 \qquad (2.23)$$

Wir müssen jetzt a_1, a_2, a_3, Φ und Ψ bestimmen. Wir nutzen daher die Gleichung (2.21) und ersetzen hier n_{i+1} mit n_i. Die neue Gleichung lautet daher:

$$n_i = 6n_{i-1} - n_{i-2} + 2 \qquad (2.24)$$

In Gleichung (2.24) ersetzen wir nun n_{i-1} und n_{i-2} jeweils mit der Gleichung (2.23):

$$n_i = 6(a_1 \cdot \Phi^{i-1} + a_2 \cdot \Psi^{i-1} + a_3) - (a_1 \cdot \Phi^{i-2} + a_2 \cdot \Psi^{i-2} + a_3) + 2$$

Nach Ausklammern von a_1, a_2, a_3, Φ^i und Ψ^i erhalten wir:

$$n_i = a_1\Phi^i(6\Phi^{-1} - \Phi^{-2}) + a_2\Psi^i(6\Psi^{-1} - \Psi^{-2}) + 5a_3 + 2 \qquad (2.25)$$

Die beiden Absolutglieder der Gleichungen (2.23) und (2.25) müssen identisch sein:

$$\begin{aligned} 5a_3 + 2 &= a_3 \\ 4a_3 &= -2 \\ a_3 &= -\frac{1}{2} \qquad (2.26) \end{aligned}$$

Die Koeffizienten vor $a_1 \cdot \Phi^i$ und $a_2 \cdot \Psi^i$ müssen ebenfalls identisch sein. Es gilt daher $6\Phi^{-1} - \Phi^{-2} = 1$ und $6\Psi^{-1} - \Psi^{-2} = 1$. Wir bestimmen daraus jetzt Φ und Ψ:

$$\begin{aligned} 6\Phi^{-1} - \Phi^{-2} &= 1 \\ 6 \cdot \frac{1}{\Phi} - \frac{1}{\Phi^2} &= 1 \\ 6\Phi - 1 &= \Phi^2 \\ \Phi^2 - 6\Phi + 1 &= 0 \qquad (2.27) \\ \Phi_{1,2} &= 3 \pm \sqrt{8} \end{aligned}$$

Die Ergebnisse für Φ sind also:

$$\begin{aligned} \Phi_1 &= 3 + 2\sqrt{2} \\ \Phi_2 = \Psi &= 3 - 2\sqrt{2} \end{aligned}$$

Aufgrund der Tatsache, dass Φ und Ψ die gleiche Bestimmungsgleichung besitzen, kann ein Wert der quadratischen Gleichung dem Φ zugeordnet werden, der andere dem Ψ. Ein Vergleich mit dem in Gleichung (2.22) ermittelten Wert zeigt eine Übereinstimmung für Φ.

Nun müssen wir noch a_1 und a_2 ermitteln. Es gilt nach Gleichung (2.23) und unseren ersten Startwerten:

$$
\begin{aligned}
i = 0: \quad 0 &= a_1 + a_2 - \frac{1}{2} \\
i = 1: \quad 3 &= a_1\Phi + a_2\Psi - \frac{1}{2}
\end{aligned}
\tag{2.28}
$$

Als Lösung dieses Gleichungssystems ergeben sich für a_1 und a_2:

$$
a_1 = \frac{1 + \sqrt{2}}{4}
\tag{2.29}
$$

$$
a_2 = \frac{1 - \sqrt{2}}{4}
\tag{2.30}
$$

Nach Einsetzen der Gleichungen (2.26), (2.29) und (2.30) lautet die explizite Formel daher:

$$
n_i = \frac{1 + \sqrt{2}}{4}(3 + 2\sqrt{2})^i + \frac{1 - \sqrt{2}}{4}(3 - 2\sqrt{2})^i - \frac{1}{2}
\tag{2.31}
$$

Diese Gleichung gilt jedoch bis jetzt nur für die ersten beiden ermittelten Werte. Wir führen daher für den Ansatz, also Gleichung (2.23), eine vollständige Induktion durch, wobei wir den Induktionsanfang bereits mit $i = 0$ und $i = 1$ gezeigt haben. Es gilt dabei $a_3 = -\frac{1}{2}$.

Induktionsvoraussetzung:

$$
\begin{aligned}
n_i &= a_1 \cdot \Phi^i + a_2 \cdot \Psi^i - \frac{1}{2} \\
n_{i+1} &= a_1 \cdot \Phi^{i+1} + a_2 \cdot \Psi^{i+2} - \frac{1}{2}
\end{aligned}
\tag{2.32}
$$
$$
\tag{2.33}
$$

Induktionsbehauptung:

$$
n_{i+2} = a_1 \cdot \Phi^{i+2} + a_2 \cdot \Psi^{i+2} - \frac{1}{2}
$$

Wir ersetzen in Gleichung (2.24) i durch $i + 2$ und erhalten:

$$
n_{i+2} = 6n_{i+1} - n_i + 2
\tag{2.34}
$$

Wir setzen Gleichung (2.32) und Gleichung (2.33) in Gleichung (2.34) ein:

$$
\begin{aligned}
n_{i+2} &= 6 \cdot \left(a_1 \cdot \Phi^{i+1} + a_2 \cdot \Psi^{i+2} - \frac{1}{2}\right) - \left(a_1 \cdot \Phi^i + a_2 \cdot \Psi^i - \frac{1}{2}\right) + 2 \\
&= a_1\Phi^i(6\Phi - 1) + a_2\Psi^i(6\Psi - 1) - \frac{1}{2}
\end{aligned}
\tag{2.35}
$$

Es gilt nun aufgrund von Gleichung (2.27):

$$\Phi^2 = 6\Phi - 1$$
$$\Psi^2 = 6\Psi - 1$$

Wenn wir nun die Klammern in Gleichung (2.35) mit diesen Gleichungen ersetzen, erhalten wir:

$$n_{i+2} = a_1\Phi^i \cdot \Phi^2 + a_2\Psi^i \cdot \Psi^2 - \frac{1}{2}$$
$$= a_1 \cdot \Phi^{i+2} + a_2 \cdot \Psi^{i+2} - \frac{1}{2}$$

$\square$

2.4 Entwicklung einer expliziten Formel mithilfe der Matrizenrechnung und dem Eigenwertproblem

Ich möchte hier nun eine weitere Möglichkeit der Herleitung der expliziten Formel aus Gleichung (2.31) vorstellen. Diese geschieht mithilfe von Matrizenrechnung und dem Eigenwertproblem.

Die Herleitung beginnt mit der Matrizendarstellung der Rekursionsformel:

$$\begin{pmatrix} n_i \\ n_{i+1} \\ 1 \end{pmatrix} = \begin{pmatrix} 0 & 1 & 0 \\ -1 & 6 & 2 \\ 0 & 0 & 1 \end{pmatrix}^i \begin{pmatrix} n_0 \\ n_1 \\ 1 \end{pmatrix}, \quad \text{mit } n_0 = 0 \; n_1 = 3, \; i \geq 0 \qquad (2.36)$$

Gleichung (2.36) setzt sich aus mehreren Teilen zusammen, der Rekursionsmatrix

$$\mathbf{A} = \begin{pmatrix} 0 & 1 & 0 \\ -1 & 6 & 2 \\ 0 & 0 & 1 \end{pmatrix}$$

und dem Anfangsvektor:

$$\begin{pmatrix} n_0 \\ n_1 \\ 1 \end{pmatrix}$$

Die erste Zeile der Matrix bewirkt eine Verschiebung der zweiten Zeile des Anfangsvektors in die erste Zeile. Die zweite Zeile der Matrix beinhaltet die Faktoren der Rekursionsformel (2.21). Die dritte Zeile dient als Konstante, die benötigt wird, um das absolute Glied der Rekursionsformel bei jeder neuen Berechnung der zweiten Zeile einsetzen zu können. Bei der Multiplikation der Rekursionsmatrix mit dem Anfangsvektor lässt sich das Verhalten der Gleichung gut erläutern:

$$\begin{pmatrix} 0 & 1 & 0 \\ -1 & 6 & 2 \\ 0 & 0 & 1 \end{pmatrix} \begin{pmatrix} n_0 \\ n_1 \\ 1 \end{pmatrix} = \begin{pmatrix} n_1 \\ 6 \cdot n_1 - n_0 + 2 \\ 1 \end{pmatrix}$$

Die ursprünglich zweite Zeile ist hier in die erste verschoben worden, in der zweiten Zeile steht jetzt ein neuer Wert, berechnet durch die bekannte Rekursionsformel (2.21) und in der letzten Zeile haben wir wieder unsere Konstante 1. Schaut man sich die Rechnung genauer an, so sieht man, dass die einzigen Werte, die mit dieser 1 multipliziert werden, das absolute Glied 2 der Rekursionsformel ist, sowie die 1 aus der letzten Zeile der Matrix, die auch dafür da ist, dass diese 1 weiterhin eine 1 bleibt.

Interessanterweise können wir aufgrund dieser Kenntnis sogar ein wenig mit diesen Zahlen herumspielen. So macht es nichts aus, wenn wir die 2 aus der zweiten Zeile der Matrix und die 1 der dritten Zeile des Vektors vertauschen. Wir können sogar ganz andere Werte einsetzen, solange das Produkt beider Werte wieder 2 ergibt.

Die Herleitung der expliziten Formel beginnt nun damit, dass sich jede Matrix in folgendes Produkt aus drei Matrizen zerlegen lässt [*Bronstein*(2012)]:

$$\mathbf{A} = \mathbf{T} \cdot \mathbf{D} \cdot \mathbf{T}^{-1} \tag{2.37}$$

Dabei ist $\mathbf{T}$ die Matrix der Eigenvektoren, $\mathbf{D}$ die Diagonalmatrix mit den Eigenwerten und $\mathbf{T}^{-1}$ die Inverse der Eigenvektormatrix. Bevor wir nun fortfahren, möchte ich erst einmal die Begriffe Eigenvektoren, Eigenwerte und Diagonalmatrix erläutern. Dazu stelle ich kurz das sogenannte Eigenwertproblem vor, welches auf folgender Gleichung beruht:

$$\mathbf{A}\mathbf{x} = \lambda\mathbf{x} \tag{2.38}$$

$\mathbf{A}$ ist eine quadratische Matrix, das bedeutet, dass die Matrix dieselbe Zeilen- wie Spaltenanzahl hat.

λ ist hier der Eigenwert, er ist weder eine Matrix noch ein Vektor, sondern einfach nur eine reelle (oder auch komplexe) Zahl, er dient hier als Faktor.

$\mathbf{x}$ ist der Eigenvektor, und, wie der Name schon sagt, ein Vektor. Dieser Vektor darf nicht dem Nullvektor entsprechen.

Was genau besagt nun Gleichung (2.38)?

Für jede Matrix $\mathbf{A}$ gibt es verschiedene Eigenvektoren, die, wenn sie mit der Matrix $\mathbf{A}$ multipliziert werden, einen gestauchten oder gestreckten Eigenvektor ergeben, also die Richtung des neuen Vektors der Richtung des alten Vektors entspricht und nur seine Länge sich geändert hat. Die beiden Vektoren sind also kollinear. Der Eigenwert λ ist hier der Faktor, der den Eigenvektor staucht oder streckt.

Die Anzahl der Eigenvektoren und der Eigenwerte hängt von der jeweiligen Matrix ab. Die Zeilenanzahl/Spaltenanzahl ist auch gleichzeitig die Anzahl der Eigenvektoren/Eigenwerte.

Wie oben definiert, ist $\mathbf{T}$ die Matrix der Eigenvektoren. Das bedeutet, dass die Eigenvektoren spaltenweise nebeneinander in die Matrix eingetragen werden. Zeilen- und Spaltenanzahl entspricht daher der Matrix $\mathbf{A}$. Die Diagonalmatrix $\mathbf{D}$ beinhaltet die Eigenwerte der Matrix $\mathbf{A}$. Ihre Anzahl ist gleich der Anzahl der Eigenvektoren. Die Eigenwerte finden wir auf der Hauptdiagonale, die restlichen Werte der Matrix sind Null.

Nach einer Erläuterung der Begriffe und Eigenschaften wollen wir nun diese einzelnen Matrizen $\mathbf{T}$, $\mathbf{D}$ und $\mathbf{T}^{-1}$ für unsere Matrix $\mathbf{A}$ ermitteln. Dazu gibt es verschiedene Wege. Einer wäre die Herleitung per Hand, die andere ist die Nutzung eines Programmes, denn beispielsweise auch in Matlab sind solche Verfahren implementiert.

Wir führen nun die Herleitung auf klassischem Wege durch. Die Herleitung machen wir etwas ausführlicher als unbedingt nötig, da dieses Thema normalerweise nicht Inhalt im Bachelor-Studiengang „Mathematik und ihre Vermittlung" ist. Es werden daher einige Stellen sehr ausführlich erläutert.

Als erstes bestimmen wir dazu die Eigenwerte. Hierbei wird Gleichung (2.38) nach den Eigenwerten umgestellt. Dazu fügen wir auf der rechten Seite eine Einheitsmatrix hinzu und stellen diese Gleichung dann so um, dass auf der rechten Seite nur noch der Nullvektor steht:

$$\mathbf{Ax} - \lambda \mathbf{Ex} = 0$$

$\mathbf{E}$ steht hier für eine Einheitsmatrix, die nach dem Muster $\begin{pmatrix} 1 & 0 & 0 \\ 0 & 1 & 0 \\ 0 & 0 & 1 \end{pmatrix}$ gebildet wird, also ausschließlich Einsen auf der Hauptdiagonalen besitzt. Das Besondere einer Einheitsmatrix ist, dass sie mit einem Vektor multipliziert wieder den Ursprungsvektor ergeben.

Im nächsten Schritt klammern wir nun den Eigenvektor aus.

$$(\mathbf{A} - \lambda \mathbf{E})\mathbf{x} = 0 \tag{2.39}$$

Das in Gleichung (2.39) definierte homogene lineare Gleichungssystem ist nur dann lösbar, wenn die Determinante der Koeffizientenmatrix verschwindet:

$$|\mathbf{A} - \lambda \mathbf{E}| = 0 \tag{2.40}$$

Wir suchen also die λ, für die Gleichung (2.40) Null ergibt. Setzen wir unsere Werte der

Matrix **A** ein, so entsteht folgende Gleichung:

$$\left| \begin{pmatrix} 0 & 1 & 0 \\ -1 & 6 & 2 \\ 0 & 0 & 1 \end{pmatrix} - \lambda \begin{pmatrix} 1 & 0 & 0 \\ 0 & 1 & 0 \\ 0 & 0 & 1 \end{pmatrix} \right| = 0$$

$$\left| \begin{pmatrix} -\lambda & 1 & 0 \\ -1 & 6-\lambda & 2 \\ 0 & 0 & 1-\lambda \end{pmatrix} \right| = 0 \tag{2.41}$$

Wir stellen mithilfe der Regel von Sarrus die Determinante als Polynom dar:

$$(-\lambda)(6-\lambda)(1-\lambda) + 1\cdot 2\cdot 0 + (-1)\cdot 6\cdot 0 - 0\cdot(6-\lambda)\cdot 0 - 0\cdot 2\cdot(-\lambda) - (1-\lambda)(-1)\cdot 1 = 0$$
$$(\lambda^2 - 6\lambda)(1-\lambda) - \lambda + 1 = 0$$
$$-\lambda^3 + 7\lambda^2 - 7\lambda + 1 = 0$$

Ein mögliches λ lässt sich erraten, nämlich $\lambda_1 = 1$. Das ist aber reines Glück. Mithilfe dieser Erkenntnis berechnen wir über eine Polynomdivision weitere Werte für λ:

$$(-\lambda^3 + 7\lambda^2 - 7\lambda + 1) : (\lambda - 1) = -\lambda^2 + 6\lambda - 1 \tag{2.42}$$

Aus Gleichung (2.42) berechnen wir mithilfe der pq-Formel weitere Werte für λ:

$$\lambda_{2,3} = 3 \pm \sqrt{8}$$
$$\lambda_2 = 3 - 2\cdot\sqrt{2} \tag{2.43}$$
$$\lambda_3 = 3 + 2\cdot\sqrt{2} \tag{2.44}$$

Es gilt daher:

$$\mathbf{D} = \begin{pmatrix} 1 & 0 & 0 \\ 0 & 3-2\sqrt{2} & 0 \\ 0 & 0 & 3+2\sqrt{2} \end{pmatrix}$$

Wir haben also unsere drei benötigten Eigenwerte bestimmt. Als nächstes folgt die Bestimmung der drei Eigenvektoren, die wir mithilfe der eben berechneten Eigenwerte herausfinden können. Setzen wir $\lambda_1 = 1$ in Gleichung (2.39) ein, so erhalten wir:

$$\begin{pmatrix} -1 & 1 & 0 \\ -1 & 5 & 2 \\ 0 & 0 & 0 \end{pmatrix} \cdot \begin{pmatrix} x_1 \\ x_2 \\ x_3 \end{pmatrix} = \begin{pmatrix} 0 \\ 0 \\ 0 \end{pmatrix}$$

Auch hier ist es möglich, ein lineares Gleichungssystem aufzustellen und dieses nach den jeweiligen x-Werten aufzulösen:

$$-x_1 + x_2 + 0\cdot x_3 = 0 \tag{2.45}$$
$$-x_1 + 5x_2 + 2x_3 = 0 \tag{2.46}$$
$$0\cdot x_1 + 0\cdot x_2 + 0\cdot x_3 = 0 \tag{2.47}$$

Wir können nun jeweils x_1, x_2 oder x_3 als Parameter wählen und erhalten dabei jeweils einen möglichen Eigenvektor. Es gilt damit:

$$T = \begin{pmatrix} -\frac{1}{2} & 3 + 2\sqrt{2} & 3 - \sqrt{2} \\ -\frac{1}{2} & 1 & 1 \\ 1 & 0 & 0 \end{pmatrix}$$

Wir können nun auch T^{-1} bestimmen, wobei gilt, dass $T \cdot T^{-1} = E$:

$$T^{-1} = \begin{pmatrix} 0 & 0 & 1 \\ \frac{\sqrt{2}}{8} & \frac{\sqrt{2}(2\sqrt{2}-3)}{8} & \frac{\sqrt{2}(\sqrt{2}-1)}{8} \\ -\frac{\sqrt{2}}{8} & \frac{\sqrt{2}(2\sqrt{2}+3)}{8} & \frac{\sqrt{2}(\sqrt{2}+1)}{8} \end{pmatrix}$$

Nun bestimmen wir A^i:

$$A^i = (T \cdot D \cdot T^{-1})^i$$

Dazu schreiben wir die Potenz als Produkt:

$$A^i = (T \cdot D \cdot T^{-1})(T \cdot D \cdot T^{-1})(T \cdot D \cdot T^{-1})(T \cdot D \cdot T^{-1}) \cdots$$

Bei Matrizen gilt zwar nicht das Kommutativgesetz, aber das Assoziativgesetz, daher können wir die Klammern weglassen und wir erhalten:

$$A^i = T \cdot D \cdot T^{-1} \cdot T \cdot D \cdot T^{-1} \cdot T \cdot D \cdot T^{-1} \cdot T \cdot D \cdot T^{-1} \cdots$$

Wir können also immer ein $T^{-1} \cdot T$-Paar zu einer Einheitsmatrix zusammenfassen und erhalten dadurch:

$$A^i = T \cdot D \cdot E \cdot D \cdot E \cdot D \cdot E \cdot D \cdot T^{-1} \cdots$$

$$A^i = T \cdot D^i \cdot T^{-1} \tag{2.48}$$

Setzen wir die Werte für alle Matrizen ein, und wählen $n_0 = 0$ und $n_1 = 3$, so erhalten wir für Gleichung (2.36):

$$\begin{pmatrix} -\frac{1}{2} & 3+2\sqrt{2} & 3-\sqrt{2} \\ -\frac{1}{2} & 1 & 1 \\ 1 & 0 & 0 \end{pmatrix} \begin{pmatrix} 1 & 0 & 0 \\ 0 & 3-2\sqrt{2} & 0 \\ 0 & 0 & 3+2\sqrt{2} \end{pmatrix}^i \begin{pmatrix} 0 & 0 & 1 \\ \frac{\sqrt{2}}{8} & \frac{\sqrt{2}(2\sqrt{2}-3)}{8} & \frac{\sqrt{2}(\sqrt{2}-1)}{8} \\ -\frac{\sqrt{2}}{8} & \frac{\sqrt{2}(2\sqrt{2}+3)}{8} & \frac{\sqrt{2}(\sqrt{2}+1)}{8} \end{pmatrix} \begin{pmatrix} 0 \\ 3 \\ 1 \end{pmatrix}$$

D^i lässt sich nun so darstellen, dass jeder Eigenwert innerhalb der Matrix mit i potenziert wird:

$$\begin{pmatrix} -\frac{1}{2} & 3+2\sqrt{2} & 3-\sqrt{2} \\ -\frac{1}{2} & 1 & 1 \\ 1 & 0 & 0 \end{pmatrix} \begin{pmatrix} 1^i & 0 & 0 \\ 0 & (3-2\sqrt{2})^i & 0 \\ 0 & 0 & (3+2\sqrt{2})^i \end{pmatrix} \begin{pmatrix} 0 & 0 & 1 \\ \frac{\sqrt{2}}{8} & \frac{\sqrt{2}(2\sqrt{2}-3)}{8} & \frac{\sqrt{2}(\sqrt{2}-1)}{8} \\ -\frac{\sqrt{2}}{8} & \frac{\sqrt{2}(2\sqrt{2}+3)}{8} & \frac{\sqrt{2}(\sqrt{2}+1)}{8} \end{pmatrix} \begin{pmatrix} 0 \\ 3 \\ 1 \end{pmatrix}$$

Wir multiplizieren nun alle Matrizen miteinander und anschließend mit dem Anfangs-vektor und erhalten:

$$
\begin{pmatrix} n_i \\ n_{i+1} \\ 1 \end{pmatrix} = \begin{pmatrix} -\frac{(3-\sqrt{2})^i \cdot (2\sqrt{2}-1)-(3+2\sqrt{2})^i \cdot (1+\sqrt{2})+2}{4} \\ -\frac{(3-2\sqrt{2})^i \cdot (\sqrt{2}-1)-(3+2\sqrt{2})^i \cdot (1+\sqrt{2})+2}{4} \\ 1 \end{pmatrix}
$$

Wir haben nun also eine explizite Formel gefunden, die genau Gleichung (2.31) ent-spricht:

$$
\begin{aligned}
n_i &= -\frac{(3-\sqrt{2})^i \cdot (2\sqrt{2}-1) - (3+2\sqrt{2})^i \cdot (1+\sqrt{2}) + 2}{4} \\
&= \frac{1+\sqrt{2}}{4} \cdot (3+2\sqrt{2})^i + \frac{1-\sqrt{2}}{4} \cdot (3-2\sqrt{2})^i - \frac{1}{2}
\end{aligned}
$$

$\square$

Ein abschließendes Wort zu diesem Kapitel:

Wir haben jetzt gezeigt, dass es für einige n die Möglichkeit gibt, den Rundweg so zu halbieren, dass genau zwei gleich lange Strecken entstehen. Diese Tatsache legt die Frage nahe, ob dies auch im zweidimensionalen Raum möglich ist. Dies würde einem Quadrat mit insgesamt vier gleich langen Streckenabschnitten entsprechen. Dieser Frage ist auch Euler nachgegangen [*Rehlich*(2013b)] und konnte zeigen, dass es für kein n die Möglichkeit gibt, dass die Summe von 1 bis n in drei gleich große Teile zerlegt werden kann, was logischerweise auch eine Möglichkeit des Quadrates ausschließt, da hierbei auch gelten muss, dass es ein m in n gibt, dessen Summe $\frac{3}{4}$ der Summenstrecke von n ist, wobei diese Summe von m eine Drittelung beinhalten müsste.

3 Darstellungsweisen von zweidimensionalen und dreidimensionalen Wegen

3.1 Allgemeine Überlegungen für eine zweidimensionale Wegdarstellung

In diesem Kapitel beschäftigen wir uns nun mit der Verallgemeinerung möglicher Wege von Summen. Hierbei ist zu beachten, dass es natürlich nicht für jede Summe nur einen möglichen Weg gibt, sondern sehr viele verschiedene, die grafisch alle etwas anders aussehen. Bevor wir nun überlegen, ob es möglich ist, all diese Kombinationen überhaupt zu finden, ein paar Grundvoraussetzungen für die Darstellung im zweidimensionalen Raum:

- Im zweidimensionalen Raum haben wir zwei Achsen x und y, im dreidimensionalen Raum die drei Achsen x, y und z.

- Für den Weg, der auf jeder Achse zurückgelegt wird, muss gelten, dass die Strecke, die wir uns in x-Richtung bewegen, dieselbe Länge hat wie die Strecke in negativer x-Richtung.

- Wie diese Streckenlänge zustande kommt, ist nicht vorher definiert. Hier gilt nicht, wie in Abschnitt 2.1, dass wir uns erst komplett in x-Richtung bewegen und dann in $-x$-Richtung. Stattdessen ist ein mehrfacher Richtungswechsel möglich.

- Es ist nicht erforderlich, dass erst eine Achse abgelaufen wird und dann die nächste, hier ist eine Mischung möglich.

- Insgesamt sind also im zweidimensionalen Raum vier Streckenlängen erforderlich, die sich aus zwei Paaren gleichlanger Strecken zusammensetzen.

Nehmen wir zu einer weiteren Veranschaulichung das Beispiel $n = 7$. Für $n = 7$ gilt, dass sich die Gesamtstrecke mit $\sum_{i=1}^{7} i = 28$ berechnen lässt. Wie oben definiert, benötigen wir zwei Paare gleichlanger Strecken, demnach wäre eine Kombination aus Strecke a in x-Richtung und b in y-Richtung genau die Hälfte der Summe, in unserem Fall also 14. Formal bedeutet dies:

$$a + b = \frac{1}{2} \sum_{i=1}^{n} i, \quad a, b \in \mathbb{N}$$

Wie finden wir nun Werte für a und b? Ein Beispiel:

Wir wählen $a = 11$ und $b = 3$. Ziel ist es nun, aus den Zahlen von 1 bis 7 zweimal die Summe 11 und zweimal die Summe 3 zusammenzusetzen. Jede Zahl von 1 bis 7 darf hierbei nur einmal verwendet werden. Abbildung 3.1 zeigt eine mögliche Zusammenstellung.

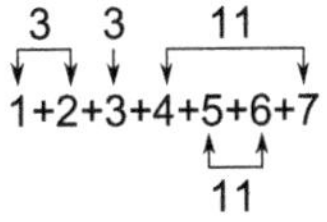

$$
\begin{array}{ccc}
3 & 3 & 11
\end{array}
$$
$$1{+}2{+}3{+}4{+}5{+}6{+}7$$
$$11$$

Abbildung 3.1: Mögliche Kombination von 11 und 3

Diese Darstellung ist für 3 und 11 die einzige, da es keine weitere Möglichkeit gibt, die 3 als Summe darzustellen. Nun ist dies jedoch nur eine Zusammensetzung für $a + b = 14$. Weitere theoretische Kombinationen wären:

$$1 + 13$$
$$2 + 12$$
$$3 + 11$$
$$4 + 10$$
$$5 + 9$$
$$6 + 8$$
$$7 + 7$$

$1 + 13$ und $2 + 12$ können von vornherein ausgeschlossen werden, da es keine Möglichkeit gibt, zwei mal die Zahl 1 oder die Zahl 2 als Summe der Zahlen von 1 bis 7 darzustellen. Es bleiben also noch die Möglichkeiten $4 + 10$, $5 + 9$, $6 + 8$ und $7 + 7$.

Das in Abbildung 3.2 dargestellte Beispiel zeigt, dass es nicht immer für alle Kombinationen eine Möglichkeit gibt.

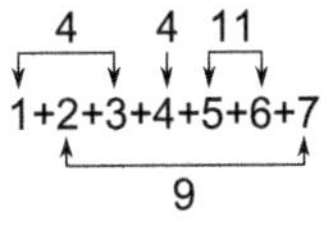

$$
\begin{array}{ccc}
4 & 4 & 11
\end{array}
$$
$$1{+}2{+}3{+}4{+}5{+}6{+}7$$
$$9$$

Abbildung 3.2: Nicht funktionierende „Kombination von 10 und 4"

Wie in Abbildung 3.2 sichtbar, gibt es nur zwei Möglichkeiten, die 4 als Summe darzustellen, ohne Zahlen doppelt zu verwenden, nämlich als $1 + 3$ und als 4 selbst. Das führt jedoch dazu, dass es keine Möglichkeit gibt, aus den übrigen Zahlen zweimal die

Summe 10 darzustellen. Die hier gewählten 9 und 11 sind nur Ergebnisse alternativer Summenpaare, die jedoch nicht übereinstimmen.

Gibt es nun einen Weg für die noch übrigen Summen $5+9$, $6+8$ und $7+7$, um im Voraus sagen zu können, ob es hier eine Kombination gibt, vielleicht sogar mehr als eine?

$7+7$ deutet sich hier als Sonderfall an, da wir hier eigentlich viermal die gleiche Strecke suchen. Dieser Fall wird uns im nächsten Abschnitt beschäftigen. Dort wird auch gezeigt, dass es mindestens eine Kombination für diesen Fall, also $a = b = \frac{1}{4} \sum_{i=1}^{n} i$ gibt.

Für die anderen beiden Fälle ist es nach meinen Überlegungen nicht möglich, vorher sagen zu können, ob hier eine Darstellung der Summen erreichbar ist. Es gibt keinen allgemeinen analytischen Weg, wenn kein direkter Zusammenhang zwischen a und b besteht (ein Spezialfall wäre hier der oben genannte Fall $a = b$).

Eine Möglichkeit, numerisch an das Problem heranzugehen, wäre, es als eine Art Rucksack-Problem [*Bronstein*(2012)] anzusehen. Zwei mal zwei Behälter gleicher Größe sollen mit unterschiedlich großen Gegenständen gefüllt werden. Es ist nicht von vornherein klar, mit welchem Gegenstand die Füllung beginnen soll. Da unterschiedlich große Behälter vorhanden sind, ist der Platzierungsort, bzw. die Platzierungsreihenfolge entscheidend.

Sehen wir uns dies am Beispiel von $6 + 8 = 14$ genauer an. Es sollen die Zahlen von 1 bis 7 in jeweils zwei Behältern der Größe 8 und zwei Behältern der Größe 6 platziert werden. Wir beginnen mit der größten Zahl. Wir platzieren die 7 in einem der 8er-Behälter, da sie nicht in einen der 6er-Behälter passt. Bei der 6 stellt sich nun die Frage, ob wir damit einen der 6er-Behälter auffüllen, oder in den zweiten 8er-Behälter platzieren. Ausprobieren zeigt, dass diese Frage entscheidend ist, denn wenn wir die 6 in den zweiten 8er-Behälter legen, so geht die Gesamtrechnung nicht mehr auf. Dies ist jedoch vorher noch nicht ersichtlich und wird erst durch weiteres Auffüllen deutlich. Diese Entscheidung muss jedes mal gefällt werden, wenn noch genug Platz in mehreren Behältern ist.

Je größer n wird, desto größer werden die Behälter und desto mehr Zahlen stehen uns zum Verteilen zur Verfügung. Es lässt sich also bei unterschiedlich großen Behältern allgemein nicht voraussagen, wie die Aufteilung sein muss und ob es nicht sogar verschiedene Lösungswege geben kann. Im nächsten Abschnitt betrachten wir nun den Fall, dass alle vier Behälter gleich groß sind.

3.2 Der Sonderfall $a = b$

Wir betrachten in diesem Abschnitt nun nicht mehr zwei Paare unterschiedlich langer Strecken, sondern vier gleich lange Strecken. Es ist jedoch wichtig, sich vorher zu überlegen, wie dies mit der Betrachtung im eindimensionalen Raum zusammenhängt.

Im eindimensionalen Raum benötigten wir zwei gleich lange Strecken, es galt also:

$$a = \frac{1}{2}\sum_{i=1}^{n} i, \ a, n \in \mathbb{N}$$

$$a = \frac{n \cdot (n+1)}{4} \tag{3.1}$$

In Gleichung (3.1) steht im Zähler das Produkt von n und seinem Nachfolger, eine von diesen beiden Zahlen ist auf jeden Fall gerade. Es ist also nur noch die Frage, ob diese gerade Zahl durch vier teilbar ist, also

$$a = \frac{\frac{n}{2} \cdot (n+1)}{2} \tag{3.2}$$

$$a = \frac{n \cdot \frac{(n+1)}{2}}{2} \tag{3.3}$$

Wir machen hierbei also eine Fallunterscheidung, ob n oder $n+1$ gerade ist. Da jeweils das Ergebnis von $n \cdot (n+1)$ durch vier teilbar sein soll, kommen nur folgende Restklassen [*Bronstein*(2012)] in Frage, nämlich 0 mod 4 und 3 mod 4, also alle Zahlen, die durch vier teilbar sind und deren Vorgänger.

Der kleinstmögliche Wert für n ist also die 3, also $\sum_{i=1}^{3} i = 6$, demnach ist $a = 3$. Hierbei ist es natürlich einfach, aus den Zahlen 1, 2 und 3 jeweils zweimal die Streckenlänge 3 zu finden, denn es entspricht dem Beispiel aus Abschnitt 2.1, also $1 + 2 = 3$ und $3 = 3$. Es lässt sich hieraus jedoch noch kein gutes Muster erkennen, wie sich die einzelnen Strecken für a zusammensetzen.

Wir versuchen es deshalb mit einer größeren Zahl, beispielsweise $n = 7$, denn 7 ist Teil der Restklasse 3 mod 4. Für die 7 gilt nun $\sum_{i=1}^{7} i = 28$, (siehe Abschnitt 3.1). Hier ist also $a = 14$. Da wir uns im eindimensionalen Raum befinden, ist dies die gesuchte Streckenlänge. Wir setzen nun aus den Zahlen von 1 bis 7 zwei Strecken zusammen, die die Länge 14 haben und versuchen, darin ein Muster zu erkennen.

Es ist hier kein Zufall, dass $a = 14 = 2 \cdot 7$ ist, denn setzt man in die Gleichung (3.1) $n = 7$ ein, so erhält man genau diesen Term, wenn man $n+1$ durch vier teilt. Diesen Zusammenhang von a und n wollen wir nun ausnutzen. Wir bilden also nicht 2 Strecken der Länge 14, sondern vier Strecken der Länge 7 und addieren dann jeweils zwei Strecken miteinander.

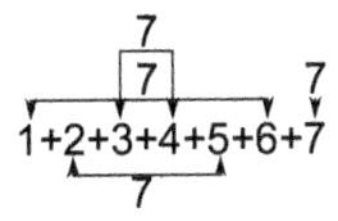

Abbildung 3.3: Kombination von $7 + 7 + 7 + 7$

Abbildung 3.3 zeigt nun eine mögliche Darstellung dieser vier Strecken. Es ist deutlich ein Muster erkennbar, denn es wird immer die erste mit der vorletzten Zahl addiert, dann die zweite mit der drittletzten, etc. Es ergibt sich logischerweise immer das Ergebnis 7, hinzu kommt nun einmal die 7 selbst. Da wir nun aber $a = 14$ gegeben haben, müssen wir jeweils zwei der 7er-Strecken zusammenführen.

Gilt dies für alle 3 mod 4?

Satz (nach [*Rehlich*(2013a)]):

Ist $n + 1$ eine durch 4 teilbare Zahl, so kann man die Menge der Zahlen von 1 bis n stets in zwei summengleiche Teilmengen zerlegen.

Beweis:

Wir betrachten den Fall n = 7. Aus den Zahlen 1, 2, 3, 4, 5, 6, 7 lassen sich zusätzlich zur alleinstehenden 7 drei summengleiche Paare bilden, nämlich (1, 6), (2, 5), (3, 4). Die Anzahl der Paare ist somit ungerade. Zusammen mit der 7, die auch also als Summenpaar (0, 7) dargestellt werden könnte, ist die Anzahl an „Paaren" gerade. Die Zahlen je zwei dieser Paare bilden eine Teilmenge der halben Summe aller Zahlen von 1 bis 7. Dieses Beispiel steht stellvertretend für alle durch 4 teilbaren Zahlen, denn wegen der Teilbarkeit von $n + 1$ durch 4 erhält man auf diese Weise stets eine gerade Anzahl summengleicher Paare. □

Ähnlich ist es bei 0 mod 4:

Satz:

Ist n eine durch 4 teilbare Zahl, so kann man die Menge der Zahlen von 1 bis n stets in zwei summengleiche Teilmengen zerlegen.

Beweis:

Wir betrachten den Fall n = 8. Aus den Zahlen 1, 2, 3, 4, 5, 6, 7, 8 bilden wir vier summengleiche Paare, nämlich (1, 8), (2, 7), (3, 6) usw. (größte und kleinste Zahl, zweitgrößte und zweitkleinste usw.) Die Zahlen je zwei dieser Paare bilden eine Teilmenge der halben Summe aller Zahlen von 1 bis 8. Dieses Beispiel steht stellvertretend für alle durch 4 teilbaren Zahlen, denn wegen der Teilbarkeit durch 4 erhält man auf diese Weise stets eine gerade Anzahl summengleicher Paare. □

Was die Beweise noch zeigen:

1. Man sieht, dass man für durch 4 teilbare Zahlen $n > 4$ auf diese Art stets mehrere Zerlegungen erhält (im Beispiel $6 = \frac{1}{2}\binom{4}{2}$, im Allgemeinen $\frac{1}{2}\binom{\frac{n}{2}}{\frac{n}{4}}$). Für Zahlen, bei denen $n + 1$ durch 4 teilbar ist, und $n + 1 > 4$, ist gilt allgemein $\frac{1}{2}\binom{\frac{n+1}{2}}{\frac{n+1}{4}}$.

2. Man sieht auch, dass man für n > 4 aus jeder der Teilmengen wiederum zwei summengleiche Teilmengen abspalten kann, da für n > 4 jede Teilmenge mindestens zwei summengleiche Paare enthält. Das beweist die Existenz zweidimensionaler Rundwege. Das Gleiche gilt für $n + 1 > 4$, auch hier lassen sich jeweils aus einer Teilmenge zwei summengleichen Teilmengen abspalten.

Jede oben definierte Zerlegung stellt eine andere Figur dar. Jede Teilmenge entspricht dabei einer Richtung. Eine Möglichkeit für $n = 7$ wäre beispielsweise:

x-Richtung: $([0 + 7] + [1 + 6])$ und $-x$-Richtung: $([2 + 5] + [3 + 4])$. Grafisch sind die Unterschiede der Zerlegungen jedoch im eindimensionalen Raum nicht sonderlich gut sichtbar, da sich die einzelnen Streckenstücke überlagern und nicht wirklich sichtbar ist, wo welche Strecken liegen.

Kommen wir daher zu unserer eigentlichen Aufgabenstellung zurück, der Darstellung im zweidimensionalen Raum. Hier wird deutlich, dass wir den Sonderfall, nämlich 7+7+7+7 bereits behandelt haben, denn dies ist die Darstellung in Abbildung 3.3. Anstatt hier jeweils zwei Strecken der Länge 7 zusammenzufügen, gehen wir jeweils eine Strecke in x-Richtung, eine in y-Richtung, eine in $-x$-Richtung und eine in $-y$-Richtung. Aus unserem Beweis geht dies ebenfalls hervor. Die Anzahl der Summenpaare ist stets gerade und solange genug Summenpaare vorhanden sind, um auf den vorhandenen Achsen hin und zurück zu gehen, ist die Darstellung in der jeweiligen Dimension möglich.

Entscheidend für die grafische Darstellung ist nun, welches Summenpaar welcher Richtung zugeordnet ist. Wir erläutern dies an zwei Beispielen. Wir wählen wieder $n = 7$. Die Strecken lauten folgendermaßen: $[1 + 6], [2 + 5], [3 + 4], [7]$

Wir ordnen jede Strecke einer Richtung zu:

- y-Richtung: $[1 + 6]$
- $-y$-Richtung: $[2 + 5]$
- x-Richtung: $[3 + 4]$
- $-x$-Richtung: $[7]$

Das Ergebnis ist in Abbildung 3.4 dargestellt.

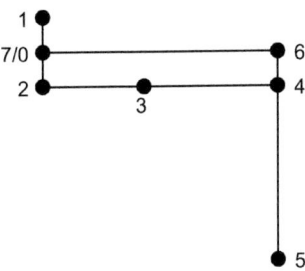

Abbildung 3.4: Erste Darstellungsweise von $n = 7$

Es wird zwar eine zweidimensionale Figur, jedoch gibt es viele Überlappungen von Streckenabschnitten, was die Figur nicht sehr „schön" macht. Die Idee, dieses zu verhindern, ist nun, zu versuchen, dass nach möglichst jedem Streckenabschnitt abgebogen wird. Dies gelingt bei diesem Sonderfall nie vollständig, da immer zwei Zahlen, in diesem Fall die [3 + 4], ein Summenpaar bilden. Dennoch versuchen wir, sonstige Wiederholungen von Richtungen oder gar eine Überlappung von Streckenabschnitten zu vermeiden:

- y-Richtung: [1 + 6]
- x-Richtung: [2 + 5]
- $-y$-Richtung: [3 + 4]
- $-x$-Richtung: [7]

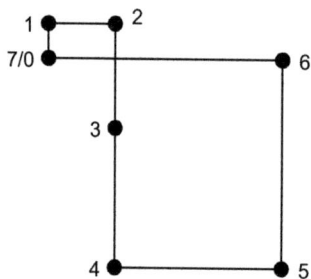

Abbildung 3.5: Zweite Darstellungsweise von $n = 7$

Es finden in Abbildung 3.5 keine Überlappungen von Streckenabschnitten statt. Diese Darstellungsweise ist übertragbar auf $n > 7$. Hier gilt: $4|n$ oder $4|(n + 1)$, $n \in \mathbb{N}$.

Nehmen wir beispielsweise $n = 15$:

- y-Richtung: [1 + 14], [5 + 10]
- x-Richtung: [2 + 13], [6 + 9]
- $-y$-Richtung: [3 + 12], [7 + 8]
- $-x$-Richtung: [4 + 11], [15]

26

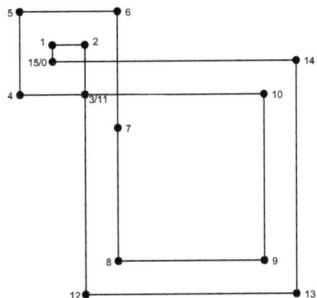

Abbildung 3.6: Darstellung von $n = 15$

Zum Abschluss dieses Abschnittes möchte ich noch einmal deutlich machen, dass prinzipiell nicht nur für die oben genannten n, mit $n > 4$ eine zweidimensionale Darstellung möglich ist. Es ist auch $n = 11$ zweidimensional darstellbar, auch wenn hier nicht gilt $4|n$ oder $4|n + 1$. Es werden einfach die zwei dazugekommenen Strecken jeweils einer Richtung und ihrer Gegenrichtung zugeordnet, also:

- y-Richtung: $[1 + 10]$, $[5 + 6]$
- x-Richtung: $[2 + 9]$
- $-y$-Richtung: $[3 + 8]$, $[11]$
- $-x$-Richtung: $[4 + 7]$

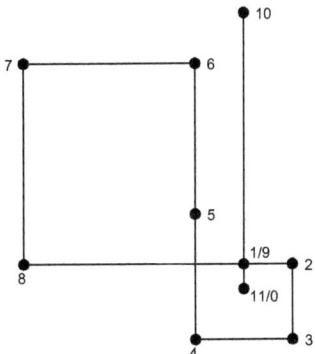

Abbildung 3.7: Darstellung von $n = 11$

Es entsteht hierbei eine ähnliche Figur wie bei $n = 7$ oder $n = 15$. Sie ist jedoch um

27

180° gedreht und besitzt einen eindimensionalen Zusatz. Nach einer einfachen Bewegung nach oben und wieder nach unten bewegt sich der Standort um genau einen Punkt nach unten. Diese Erkenntnis wird uns in Kapitel 4 von Nutzen sein.

3.3 Der dreidimensionale Raum: Der Sonderfall a=b=c

Wie schon in Abschnitt 3.2 gezeigt, lässt sich die Regel von Summenpaaren gleicher Größe in jede beliebige Dimension übertragen. Für solch eine Veranschaulichung habe ich in Matlab ein Programm geschrieben, dass auch dreidimensionale Analogien von Abbildung 3.6 für sehr große Werte von n schnell und einfach darstellt.

Das Prinzip der Aufteilung der Summenpaare auf die Richtungen ist analog zum letzten Abschnitt, nur haben wir jetzt sechs Richtungen. Die erste Zahl, die hier funktioniert, ist $n = 11$. Die Aufteilung auf die Achsen kann dann beispielsweise so aussehen:

- y-Richtung: $[1 + 10]$
- x-Richtung: $[2 + 9]$
- z-Richtung: $[3 + 8]$
- $-y$-Richtung: $[4 + 7]$
- $-x$-Richtung: $[5 + 6]$
- $-z$-Richtung: $[11]$

Abbildung 3.8 und Abbildung 3.9 zeigen die Eleganz von dreidimensionalen Rundwegen mit großem n. Als Beispiel dienen $n = 84$ und $n = 180$.

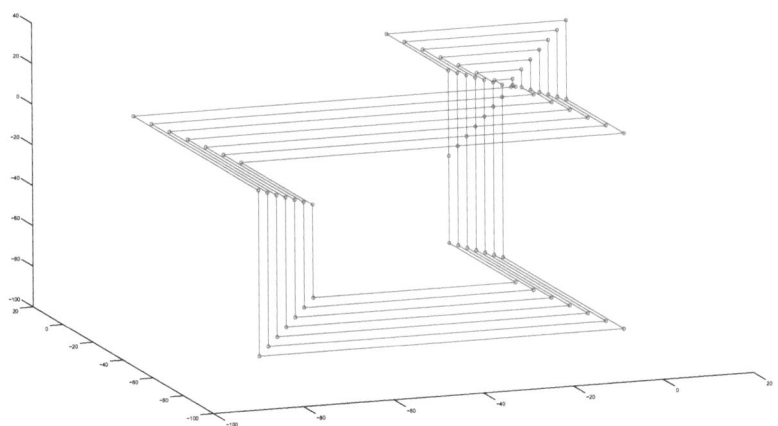

Abbildung 3.8: Dreidimensionale Darstellung von $n = 84$

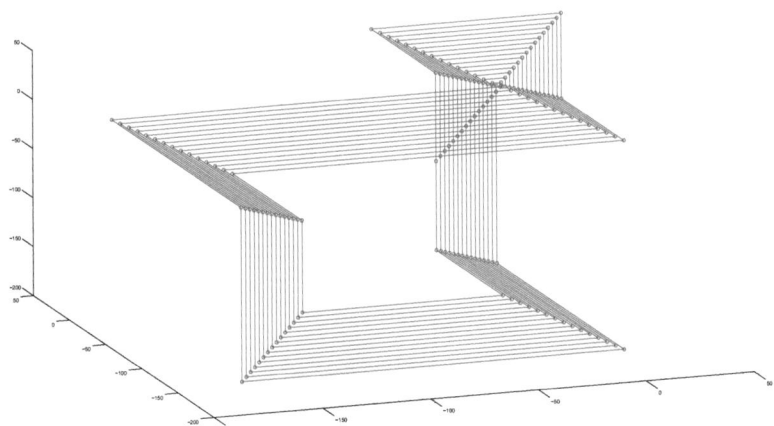

Abbildung 3.9: Dreidimensionale Darstellung von $n = 180$

In Abbildung 3.10 wurden benachbarte parallele Strecken zur ästhetischen Visualisierung zu Flächen zusammengefasst.

Abbildung 3.10: Ästhetische Visualisierung

4 Beliebige Flächen darstellen

In diesem Kapitel beschäftigen wir uns mit folgendem Problem: Es soll nach Ablauf der einzelnen Teilstrecken eine Fläche entstehen, die genau einer vorgegebenen Form entspricht. Hierbei sind jedoch Überlagerungen der Teilstrecken erlaubt, es muss also nicht „in einem Zug" der Umfang des Objektes entstehen. Ist es möglich, für jede beliebige Fläche einen passenden Rundweg zu finden?

Hierzu nehmen wir die in Abschnitt 3.2 gewonnene Erkenntnis zur Hilfe, dass wir uns insgesamt um genau einen Schritt in x-Richtung bewegen, wenn wir mit $i - 1$ in $-x$-Richtung und danach mit i in x-Richtung gehen. Dadurch können wir uns in minimalen Schritten auf dem Flächenrand bewegen, jedoch entstehen hierbei „Ausstöße", die bei steigendem i immer größer werden. Als Information für die Ermittlung des gesuchten n wird nur der Flächenumfang benötigt. Das gesuchte n ist in diesem Fall immer doppelt so groß wie der Umfang, da mit jedem Schritt auf dem Umfang einmal eine Hin-und-Her-Bewegung durchgeführt wird. Abbildung 4.1 zeigt solche Figuren.

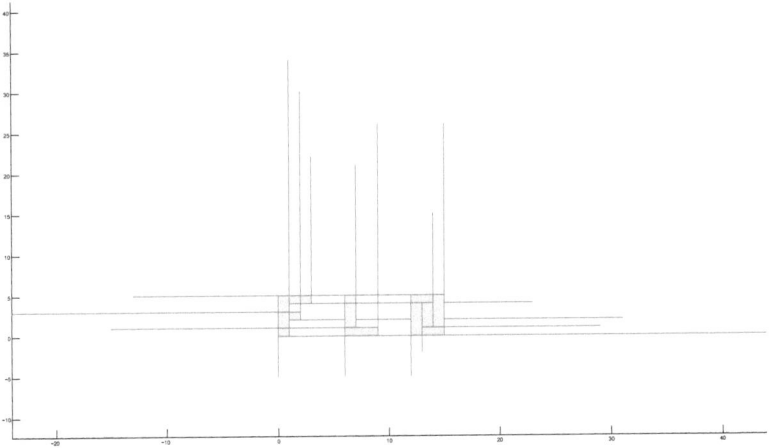

Abbildung 4.1: Darstellung von verschiedenen Rundwegen

Anmerkung zur Darstellung der Buchstaben in Abbildung 4.1: Jeder Buchstabe wird mit einem Rundweg dargestellt. Der innere und der äußere Ring des O sind jeweils eigenständige Rundwege.

Außerdem ist es möglich, das n, also die Anzahl an Schritten, die für eine längere Strecke benötigt wird, zu verkürzen, in dem wir verschiedene „Abkürzungen" verwenden.

Beispiel: Wir wollen uns eine Strecke von 11 Schritten in x-Richtung bewegen. Die vorher definierte Methode würde hierfür ein n von 22 benötigen.

1. Bei einem kleinen i ist es möglich, die Zahl n insgesamt kleiner zu halten, indem wir am Anfang auf das oben beschriebene Verfahren verzichten und uns einen Teil der Strecke in die gleiche Richtung bewegen. In diesem Fall ist es sinnvoll, $1+2+3+4$ in x-Richtung zu gehen und mit einer einzelnen Hin-und-Her-Bewegung abzuschließen. Insgesamt kommt man mit diesem Verfahren auf sechs Schritte ($1 + 2 + 3 + 4 = 10 \Rightarrow 10 + (-5) + 6 = 11$).

2. Bei größerem i oder bei vielen Abbiegungen ist der Einsatz der 1. Methode nicht möglich. Wenn wir aber die ersten beiden Teilstrecken in $-x$-Richtung gehen und die nächsten beiden in x-Richtung, dann bewegen wir uns insgesamt vier Schritte in x-Richtung und nicht wie im zuvor angewandten Verfahren nur zwei. Bei drei Teilstrecken in negativer Richtung und dann drei Teilstrecken in positiver Richtung bewegen wir uns insgesamt neun Schritte in positiver Richtung. Es drängt sich hier die Vermutung auf, dass bei einer Teilstreckenanzahl q in jede Richtung die Gesamtstrecke q^2 ist. Dies lässt sich an einem einfachen Beispiel gut zeigen.

Satz: Wenn wir uns q mal in eine Richtung bewegen und dann dieselbe Anzahl in die entgegengesetzte Richtung, so sind wir anschließend q^2 Schritte von der Ausgangsposition entfernt.

Beweis: Wir zeigen dies am Beispiel von 5 bis 12. Wir bewegen uns die Teilstrecken $(5 + 6 + 7 + 8)$ in negative Richtung und die Teilstrecken $(9 + 10 + 11 + 12)$ in positive Richtung. Es soll nun nach dem Satz bei einer Anzahl von vier Summanden pro Klammer ein Ergebnis von $4^2 = 16$ herauskommen. Es gilt also:

$$
\begin{aligned}
(9 + 10 + 11 + 12) - (5 + 6 + 7 + 8) &\overset{!}{=} 16 \\
9 + 10 + 11 + 12 - 5 - 6 - 7 - 8 &\overset{!}{=} \\
(9 - 5) + (10 - 6) + (11 - 7) + (12 - 8) &\overset{!}{=} \\
4 + 4 + 4 + 4 &\overset{!}{=} \\
4 \cdot 4 &\overset{!}{=} \\
4^2 &= 16
\end{aligned}
$$

Die Differenz der ersten Zahl in der ersten Klammer und der ersten Zahl in der zweiten Klammer ist immer gleich der Anzahl an Zahlen pro Klammer, da die beiden Zahlen genau diese Anzahl von Ziffern im Zahlenverlauf der natürlichen Zahlen voneinander entfernt sind.

5 Fazit

Wir haben erfolgreich eine Rekursionsformel und eine explizite Formel für unseren Hin- und Rückweg ermittelt und dabei für die explizite Formel sogar zwei verschiedene Herleitungen verwendet. Im Kapitel der Analyse von zweidimensionalen und dreidimensionalen Wegen haben wir an Beispielen gezeigt, warum es schwierig ist, für ein bestimmtes n ohne numerische Prüfung sagen zu können, wie viele verschiedene Rundwege es gibt.

Offen geblieben ist, ob es Rundwege gibt, bei denen jedes Mal abgebogen wird und ob diese analytisch bestimmbar sind. Außerdem stellt sich die Frage, ob es nicht vielleicht doch eine analytische Methode gibt, die es ermöglicht, alle Rundwege für ein bestimmtes n zu finden, ohne diese numerisch zu ermitteln. Die Tatsache, dass bei $n = 7$ die Seitenlänge 10 und 4 nicht funktionieren, könnte ebenfalls noch untersucht werden. Vielleicht lässt sich hierbei ebenfalls in Abhängigkeit von n eine Verallgemeinerung finden.

Im Kapitel der Flächenumrandung zeigt sich, dass in der Thematik Rundwege spannende Fragestellungen enthalten sein können, die nicht auf den ersten Blick erkennbar sind.

Die Tatsache, dass ich zu den Herleitungen und Analysen viele Matlab-Programme geschrieben habe, trug sehr stark zu meiner Begeisterung an diesem Thema bei. Die Programmierung hatte sowohl numerische Anteile, in der ein Programm nur dazu diente, schnell Ergebnisse zu liefern, mit denen man weitere Vermutungen anstellen konnte, als auch analytische Anteile, in den Gleichungen und Gleichungssysteme gelöst wurden. Hinzu kamen die guten Möglichkeiten der grafischen Darstellung der Rundwege.

Diese Bachelorarbeit hat mein persönliches Interesse an der Mathematik weiter gestärkt. Ich habe bei der Bearbeitung viele neue Methoden und Themengebiete kennengelernt und vertieft, die zur Herleitung der Rekursionsformel oder der expliziten Formel nötig waren.

Literaturverzeichnis

[*Bronstein*(2012)] Bronstein, I., *Taschenbuch der Mathematik*, Deutsch (Harri), 2012.

[*Rehlich*(2013a)] Rehlich, H., E-Mail-Korrespondenz, 2013a.

[*Rehlich*(2013b)] Rehlich, H., Mündliche Korrespondenz, 2013b.